# 中国重要农业文化遗产（第二册）

ZHONGGUO ZHONGYAO NONGYE WENHUA YICHAN

中华人民共和国农业农村部　编

中国农业出版社

ZHONGGUO ZHONGYAO NONGYE WENHUA YICHAN
BIANWEIHUI

# 《中国重要农业文化遗产》编委会

# 前言

我国幅员辽阔，是人类农耕文明最早的起源地之一。几千年来，我国劳动人民在农业生产实践中，创造了种类繁多、特色明显、经济与生态价值高度统一的农业生产系统，形成了蕴含应时、取宜、守则、和谐等深厚哲学思想的农业文化遗产。这些农业文化遗产是博大精深的中华文明传承发展的根基，是中华民族特有的精神财富，也是全人类的文明瑰宝。

党和国家历来重视传统农耕文明的保护、传承和利用。习近平总书记指出，农耕文化是我国农业的宝贵财富，是中华文化的重要组成部分，不仅不能丢，而且要不断发扬光大。党的十九大报告提出要深入挖掘中华优秀传统文化蕴含的思想观念、人文精神、道德规范，结合时代要求继承创新，让中华文化展现出永久魅力和时代风采。农业农村部秉持“在发掘中保护、在利用中传承”的指导原则，于2012年启动中国重要农业文化遗产发掘保护工作，推动形成了“政府主导、多方参与、分级管理、利益共享”的保护管理机制。目前，已分四批认定并发布了91项中国重要农业文化遗产，其中18项整合成15个项目被联合国粮农组织列入全球重要农业文化遗产名录，在数量和覆盖类型方面居世界各国之首。

面对新时代新要求，我们既要借鉴世界先进生产技术和经验，更要传承弘扬悠久璀璨的中华传统农耕文明，在发掘、利用中国重要农业文化遗产的过程中，学习前人智慧，汲取历史营养，不断增强民族认同感、自豪感和文化自信心，努力推进农业可持续性发展，为加快农业农村现代化，实施乡村振兴战略，建设美丽乡村和美丽中国做出贡献。

《中国重要农业文化遗产》（第二册）收录了第三批和第四批共52项中国重要农业文化遗产，从历史、科学和现实三个维度来阐述这些中国重要农业文化遗产的产生、发展、演变，并总结了遗产保护的成功经验和做法。每个农业文化遗产系统均配有精美图片，既能直观地呈现给读者，也能增强读者的阅读兴趣。

《中国重要农业文化遗产》（第二册）一书的出版是对我国农业文化遗产保护宣传推介的有益尝试，体现了我国农业文化遗产保护工作的系列重要成果，将为今天的农业生产和乡村发展实践提供参考和借鉴，增强全社会对重要农业文化遗产的认知，为保护好、传承好和利用好中国农业文化遗产续写新的篇章。

# 目　录

# 北京平谷四座楼麻核桃生产系统

北京平谷位于北京市东北部，地处燕山山脉南麓和华北平原北端交汇处，三面环山，中间为平川谷地。平谷历史悠久，早在1万多年前就有人类繁衍生息，境内现有古文化遗址40多处，7 000多年前的“上宅文化”就发源于此。

四座楼山出土的核桃被认为是我国起源最早的，现存的十几株300～500年的麻核桃树被认定是我国树龄最老的麻核桃古树。平谷的先民采用播种、嫁接等技术进行野生麻核桃繁殖，经过千百年的传承、演化与发展，平谷拥有了四座楼、老闷尖、三道筋等一系列优秀的文玩核桃品种，果形独特、品质优良。

千百年来，平谷地区形成了灿烂的文玩核桃文化，如收藏、雕刻、民风民俗等文化，每年定期举办文玩核桃擂台赛，吸引海内外的广大核友聚会交流。文玩核桃生产系统在催生休闲旅游发展的同时，也较好地保护了当地的生态环境。

当前，平谷文玩核桃生产系统正面临现代生产方式的冲击和威胁，对千百年来积淀的麻核桃文化提出了严峻挑战，保护工作迫在眉睫。平谷区政府按照中国重要农业文化遗产保护工作要求，制定了《平谷文玩核桃生产系统保护与发展规划》和《北京市平谷区文玩核桃生产系统管理办法》，让北京平谷文玩核桃生产系统这一具有丰富生物多样性和文化多样性的重要农业文化遗产发挥出更好的生态、社会和经济效益。

# 北京京西稻作文化系统

北京京西稻作文化系统水稻种植范围主要在海淀区清三山五园周边区域和房山区长沟镇、大石窝镇及十渡镇境内。截至2015年，境内水稻种植面积达2 156.3亩。

京西水稻种植可上溯至先秦时期，到东汉已有明确记载。辽、金时期，已是“粳稻之利，几如江南”。明朝迁都北京后，周边稻作生产开始供应宫廷。到清朝时，京西水稻得到多位皇帝的推广，形成了以“御稻”和“紫金箍”为品种代表的京西稻稻作文化（海淀）和以石窝“御塘稻”为品种代表的贡米稻作文化（房山）。清朝时，京西稻种植在由皇帝亲自开辟的“官田”之中，以玉泉山山泉水灌溉，由国家机构管理，寄寓着数位清帝“以农为本”的治国理念，是农业生产的国家示范田。后发展为由国家管理和交于农民耕种两种形式，且保留了包括“御稻”和“紫金箍”在内的水稻品种1 650个，是京西稻稻作品种种质资源库。稻田与明清皇家园林遗产相得益彰，是明清园林景观的景观标识之一。

房山区石窝御塘稻种植于北京市三块“山前暖区”之一，依赖泉水灌溉，是全国生长期最长的稻米。大米品质优良，耐蒸煮，“七蒸七晒，色泽如初”，明清时即为御贡米。系统合理利用湿地水域，形成稻田与淡水泉、河流、湖泊、草本沼泽、库塘形成相协共建的湿地景观；因地制宜，在平原地区充分利用泉涌实现平原稻田的自流灌溉；区内“御米皇庄”的贡米文化和平民稻作文化相得益彰。北京京西稻作文化系统记住了北京人的记忆和乡愁，其遗产保护与文化传承将成为北京市农业生态文明建设的典范，也将在京津冀协同发展进程中农业生态化与活态文化遗产保护起到模范作用。

# 河北迁西板栗复合栽培系统

河北迁西板栗复合栽培系统位于河北省迁西县滦河北部山区，优越的气候条件与立地条件造就了迁西板栗卓越的品质，形成端正均匀、肉质细腻、甘甜芳香、营养丰富的板栗佳果。迁西板栗曾被宋代诗人晁公溯描述为“风陨栗房开紫玉”，被赞誉为东方“珍珠”和“紫玉”。

历史上，板栗就是迁西人的主要食物来源之一，并可入药，被称为“铁杆庄稼”和“木本粮食”，至今已有2 000多年的历史。至明洪武年间，形成完善的板栗复合栽培系统。到清末时，产品已经在天津口岸出口。现在，常胜峪村还生长着600年生古栗树，全县境内百年古树随处可见。

迁西板栗复合栽培系统在空间结构上创造出丰富的生态位，广泛开展间作、林下种养殖等农业生产方式，充分利用光热水土等自然资源。相比板栗单作模式，复合栽培系统通过提升土壤有机质、微量元素含量和保护系统内丰富的生物多样性，有效改善了局地生态环境。结合传承至今的丰富知识和技术体系，农业系统提供了丰富的生态系统服务，是一种典型的可持续农业发展方式。独特的迁西板栗文化体现在日常饮食、祭祀、礼仪等方面，象征吉祥，喻示吉利、立子、立志和胜利。

然而，矿业发展、劳动力流失和日趋激烈的板栗市场竞争，也威胁着迁西板栗复合栽培系统的保护和发展。迁西县政府正将紧抓生态文明建设的有利契机，逐步推进美丽乡村建设和休闲农业发展，使迁西板栗复合栽培系统这一具有重要价值的农业文化遗产焕发新的光彩。

丁家庄古栗树 摄影/王爱军

# 河北兴隆传统山楂栽培系统

河北兴隆传统山楂栽培系统位于燕山山脉东部，覆盖兴隆县全境，总面积3 123平方千米，种植山楂21.2万亩（亩为非法定计量单位，1亩＝667平方米）。重点区域位于六道河镇、兴隆镇、北营房镇和雾灵山乡4个乡镇。

兴隆县是“九山半水半分田”的石质山区，其气候与土壤条件不适合种植粮食作物，却适宜山楂生长。兴隆人智慧地克服了山区不利机械化作业等劣势条件，构筑石坝墙梯田进行山楂栽培，距今已有500余年。兴隆野生山楂遍布全县，境内由根蘖萌生的百年以上的山楂大树有1 000余棵，枝繁叶茂，株产山楂上千斤。兴隆县在山楂栽培面积和产量上均居全国首位，曾被国家林业局命名为“中国山楂之乡”。

兴隆独特的传统山楂品种——铁山楂，曾是农民增收致富的摇钱树。其营养价值高，药用功能突出。山楂树耐旱、耐瘠薄，对山区保持水土、涵养水源、调节气候等均有重大意义。兴隆山楂栽培系统形成了一套特有的技术和知识体系，根蘖归圃育苗、“因树修剪，随枝造型”的修剪方式、传统追肥、石坝墙修筑、山楂窖藏、山楂加工等技术和知识对其他地方山楂的选育、栽培起到示范作用。与山楂有关的文化丰富多样，涉及饮食、礼仪、信仰等各个方面。

然而，农业劳动力兼业化与老龄化的问题较为突出，生产率低、劳动强度大等现实问题，制约了山楂产业持续发展。山楂老树因比较效益低，价格受市场波动大，影响了农户对山楂栽培的积极性，品种资源也遭受流失的风险，兴隆传统山楂栽培系统正亟待得到保护。

# 山西稷山板枣生产系统

稷山县历史悠久，是中华民族的发祥地之一，4 000多年前中国农业始祖五谷之神后稷曾在此教民稼穑，数千年的农耕文明先河在这里开启。据考证，稷山板枣起源于春秋时期，发展于唐朝，兴盛于明清，至今已有3 000多年的历史，是中国十大名枣之首，唐代以来为历代宫廷贡品。

稷山板枣生产系统覆盖稷山县全境，主要分布在稷峰镇和化峪镇。千年以上古板枣树17 500株，500年古板枣树5万株，古枣树数量为全国之最。稷山板枣皮薄、核小、汁甜、肉厚，营养丰富，素有“枣中王”“果中宝”“鲜维生素丸”之称，多次揽获国家、省市食博会、农业博览会金奖，先后获得山西十大名枣和中国十大名枣之首等美誉。1984年板枣树确定为稷山的县树，稷山也被命名为中国名特优经济林“红枣之乡”。

稷山人民在干旱的土地上种植板枣树，林下间作小麦、蔬菜等作物，“板枣树–林下作物”的复合经营模式，构成了独特的水源涵养、水土保持、防风固沙的旱地利用系统。流传至今的板枣树划拨技术，传统的采摘、筛选、风干的农具、设施和技艺仍在使用和流传。与板枣相关的文化、精神根植在稷山人民中间，形成适应干旱地区的传统农业文化。

然而，受到自然与社会的双重胁迫，山西稷山板枣生产系统的传承与保护面临着严重的威胁。稷山县人民政府高度重视系统的这一问题，按照中国重要农业文化遗产保护工作的要求，积极推进国家板枣森林公园建设，促进板枣三产融合发展。

# 内蒙古伊金霍洛农牧生产系统

内蒙古伊金霍洛农牧生产系统地处鄂尔多斯高原东南部的伊金霍洛旗，总面积5 600平方千米，核心保护区位于伊金霍洛镇。

伊金霍洛，汉语意为“圣主的院落”，因祭祀成吉思汗而闻名，并按照蒙古族习俗，在大伊金霍洛周围自然形成禁地。禁地内不准开垦，不准砍伐树木，不准破坏草场，不准盖土房，保护自然，使成吉思汗宫帐周围保持原始草原环境和传统牧业生产。伊金霍洛旗农牧生产系统因提供成吉思汗祭祀所需牲祭、奶祭、酒祭、素食等供品而形成并传承至今，并因此人工选择了优良的农牧业优良品种用于供奉和生产。蒙古族群众将他们遵循自然规律，敬畏自然、崇尚自然，爱护动植物、爱惜工具，与自然和谐相处的生态观、自然观与他们最杰出的领袖一同祭祀，代代相传。

目前，伊金霍洛旗草原生态环境面临着开垦、工矿的严重干扰。电力设施、高速公路对伊金霍洛旗农牧生产系统及生态景观造成强烈的视觉冲击。成吉思汗祭祀供品受到了当今社会、经济、文化氛围的影响，与之密切相关的农牧生产系统也遭受到严重的冲击。伊金霍洛旗人民政府按照农业部中国重要农业文化遗产保护工作的要求，制定了《内蒙古伊金霍洛旗农牧生产系统保护和发展规划》，促进当地居民生活水平全面提高，使得内蒙古伊金霍洛旗农牧生产系统继续散发出独特的魅力。

官地

# 辽宁桓仁京租稻栽培系统

辽宁桓仁京租稻起源于自然资源丰富、生态环境优越的桓仁满族自治县，因在清朝同治年间专供皇宫膳用而被御赐得名，距今已有140年的栽培历史，是东北水稻种植最早的品种之一。

高句丽民族在长期的生产、生活中编制了乞求稻谷丰收的民族舞蹈——乞粒舞，总结并传承了京租稻独特的农耕文化。京租稻以其植株高、芒子长、芒色黄、米质好为显著特点，特殊的品种特性为培育优质水稻品种提供了良好的试材；独特的生态栽培过程散发着浓厚的传统农耕魅力；金黄色的稻浪为发展休闲农业增添了靓丽的风景；晶莹飘香的京租米饭让人赞不绝口，并于2010年、2014年在国家工商总局分别注册了“京租”牌和“官地”牌大米商标，2014年成功申报了国家地理标识保护产品。所需肥料完全采用优质农家肥配以适量的豆粕而成；灌溉用水是上游河水自流而成；病虫害防治采用灯光诱杀和性诱捕杀；收获采用人工刀割、码垛后熟。京租稻生产过程散发着浓厚的传统文化魅力。

随着现代农业的发展，传统农耕方式正面临严重的挑战，挖掘、保护和传承工作势在必行。桓仁县政府制定了《京租稻保护发展规划和管理办法》，并将每年8月22日确定为“京租文化节”，通过对品种提纯选优的恢复、栽培技术规程的完善、传统农耕文化的传承以及与休闲农业的结合，积极促进农业文化遗产传承与保护，让桓仁京租文化绽放新的光芒。

# 吉林延边苹果梨栽培系统

吉林延边苹果梨是我国高纬度寒冷地区主栽的优良品种，原产于延边朝鲜族自治州龙井市老头沟镇小箕村，已有100多年历史。延边地区独特的地理、气候条件孕育了延边苹果梨独有的风味，深受广大消费者的青睐，素有“北方梨之秀”美誉。1995年龙井市被命名为“中国苹果梨之乡”，2002年认定为原产地域保护产品，曾荣获农业部部优产品、吉林省名牌产品。延边苹果梨的主产区龙井市西郊有连绵20余千米的树龄达60多年的连片苹果梨园，被称为龙井万亩果园。

延边苹果梨文化特色与延边朝鲜族民俗文化内涵息息相关，有关苹果梨的历史传说、民俗文化、旅游文化、文学作品不胜枚举，今年来不断挖掘苹果梨文化，成功举办中国龙井“延边之春”苹果梨花节，吸引了大量的游客，已成为对外宣传延边的一张名片。

随着时代的发展延边苹果梨传统栽培系统面临着劳动力不足、后续力不足等问题，龙井万亩果园的保护与发展工作势在必行。龙井市政府按照农业部中国重要农业文化遗产保护工作要求，制定了《龙井市苹果梨栽培系统保护与发展规划》和《龙井市苹果梨农业文化遗产保护与发展管理办法》，使延边苹果梨产业得以传承和发展。

# 吉林柳河山葡萄栽培系统

吉林柳河山葡萄栽培系统位于吉林省东南部“七山半水二分田，半分道路和庄园”的柳河县，土地总面积3 348.3平方千米，果园面积1 667公顷。目前，柳河山葡萄种植面积达到3万余亩，带动农户2 300余户，形成了柳河山葡萄种植产业带。

山葡萄满语称为“阿木鲁”，是中国特有的珍稀葡萄品种。1993年，考古工作者在柳河罗通山古城遗址发现了已经炭化的山葡萄颗粒，是迄今为止的柳河山葡萄的最早例证。有据可查的历史可以追溯到清末民初。今天，以柳河镇、驼腰岭镇、三源浦镇等乡镇为主的山葡萄种植园区，形成了新的农业景观带。柳河山葡萄种植过程中，全面实行合理密植、配方施肥、节水灌溉、保花保果、无公害生产等综合配套栽培技术。柳河山葡萄具有抗寒、高酸、低糖和营养丰富等优良性状，其果实为圆形或椭圆形、果穗完整，色泽纯正，香气浓郁，是极佳的葡萄品种和酿酒原料。柳河山葡萄从种植到加工、酿酒，具有浓郁的农耕民俗文化气息，逐渐形成了以喜庆团圆、绿色健康、休闲旅游为主的山葡萄民俗活动。

面对自然与社会变迁，柳河山葡萄产业将始终坚持民族、特色、差异化发展方向，稳步发展种植基地，扎实推进企业建设，传承提升栽植技术，挖掘推广传统文化，必将保护和发展好这一宝贵的农业文化遗产。

# 吉林九台五官屯贡米栽培系统

吉林九台五官屯贡米栽培系统，源自长春市九台区其塔木镇满族原著居民罗关瓜尔佳氏族传承的种植栽培系统。它坐落在松花江畔，一座拥有600余年历史的文化古镇中。明永乐六年（1408）设置奇塔穆河卫，主要职责是征集粮食。清康熙四十五年（1706）设立五官屯，作为皇粮贡米产地。现主产地在其塔木镇、莽卡乡和胡家乡。

五官屯地处松花江最平坦之岸，土黑而沃野千里，属温带大陆性季风气候，正在“黄金水稻带”之上。农业文化是满族传统文化的重要组成部分，打牲乌拉皇粮贡品基地农业文化在满族瓜尔佳氏族人的努力下得以延续。五官屯的粳稻是自古传承下来的特有的稻米品系，由古时洼地旱作发展到现在的水田生产，其米“重如沙、亮如玉、汤如乳、溢浓香”，被誉为稻米中的极品。古稻种子现仍大面积种植，自古沿用的东北传统的酸菜水育苗，防治苗期病害亦在当代进行实践。由贡米栽培而衍生出的渔猎、鹰猎、萨满、稻作、饮食文化，亦传承良好。

历经百年的沧桑，在经济、文化蓬勃发展的时代，五官屯贡米栽培系统已在九台全域推广开来，为贡米栽培系统的保护与发展带来新的机遇，这一农业文化遗产的灿烂价值正在逐渐向世人展现出来。

# 黑龙江抚远赫哲族鱼文化系统

抚远地处黑龙江和乌苏里江的三角地带，独特的地理位置造就了水富鱼丰的资源优势，是全国闻名的“鲟鳇鱼之乡”和“大马哈鱼之乡”。同时，抚远也是“全国六少民族”之一赫哲族的主要集居地。

赫哲族是一支渔猎民族，他们原始的生活特点、饮食习惯、手工制作等特色形成别具一格的渔文化。赫哲族人以打鱼为生，传统的捕鱼方式有小网挂鱼、操罗子捞鱼、“蹶搭钩”钓鱼、冬季“铃铛网”捕鱼。赫哲人喜爱吃鱼，特色鱼品佳肴有“塔拉哈”“杀生鱼”“鱼条子”“氽鱼丸子”以及鲟鳇鱼全鱼宴等，味道鲜美、口感独特。赫哲人文化传统手工技艺精湛，独具特色的鱼皮制作工艺十分精美，一件鱼皮制品从剥皮、晾晒、清理、裁剪、粘贴、缝制需要十几道工序才能完成，作品有鱼皮衣、鱼皮画、鱼皮饰品、鱼皮挂件等，远销世界各地。

鲟鳇鱼类是白垩纪时期保存下来的古生物群之一，1998年，联合国华盛顿公约将全世界野生鲟鱼认定为濒危动物。2005年，赫哲人在抚远县大力加湖建立起鲟鳇鱼网箱养殖基地和史氏鲟原种场，已成功研制出鲟鳇鱼活体取卵、四季人工孵化、四季人工繁育、幼鱼驯养等技术，同时积极研制开发鱼产品，鱼子酱、鱼松、鱼柳、鱼筋、鱼骨等12个系列品种，多次在黑龙江省佳木斯市科技产品展示会上获得金奖，抚远县的鲟鳇鱼、大马哈鱼获得国家地理标志保护产品荣誉称号。抚远县赫哲人了走出一条“繁育、养殖、加工、销售”路线，实现了涵养渔业资源和创造经济效益的双赢之路。

# 黑龙江宁安响水稻作文化系统

黑龙江宁安响水稻作文化系统重点区域位于宁安市渤海镇、东京城镇和三陵乡，分布范围包括18个行政村，总面积5 334公顷，是世界上唯一在火山熔岩台地上生产稻米的区域。

由于响水稻米自唐代以来便是皇室用米，也是当今的国宴用米，响水稻米因此也被誉为“响水千年贡米”。除具有唯一性、区位性外，同时还具有生态性、历史性、人文性等特征，营养价值极高。目前，区域内还遗存几处1 000多年前的水稻灌溉水利遗址。响水稻米生长的土壤是经过万年风化和侵蚀后积聚10～30厘米的腐殖土，灌溉水源来自天然矿泉水的水源地镜泊湖和小北湖。优越的自然环境条件使得米粒中积累的干物质较多，且成熟度较高。响水稻米中矿物质、微量元素、氨基酸及维生素的含量高于普通大米，富含人体所需的18种氨基酸，含量达6.9%，并且还含有7种人体所不能合成的氨基酸。“响水大米”获得地理标志保护产品认证，并连续荣获农业博览会金奖，“响水”牌大米和“邢瑞雪”牌大米荣获“黑龙江省级名牌产品”称号。

随着经济社会的不断发展，保护和发掘宁安稻作农业文化遗产日趋迫切。目前，宁安市委市政府已完成了《稻作文化系统保护和挖掘整体规划》，形成了较详尽、可行的生物多样性保护和传统知识发掘体系。《规划》计划利用10年时间，完成响水稻米核心产区8万亩、辐射区24万亩的水田产业化经营，产业规模预计达到200亿元，将响水区域建设成为农业产业化发展示范区和镜泊湖畔的生态文化小城镇，走出一条以产业化带动城镇化、城镇化促进产业化的新型发展道路。

# 江苏泰兴银杏栽培系统

江苏泰兴市位于江苏省中部、长江下游北岸，银杏种植遍布在全市境内，面积达22万多亩。其中，银杏围庄林面积20.2万亩，并拥有20多个百亩以上古银杏群落。

泰兴银杏种植有着悠久的历史。据《泰兴县志》记载，泰兴银杏栽培历史已有1 400多年，通过一代又一代人的驯化、选育、研发，逐步形成了银杏嫁接、人工辅助授粉、科学施肥、病虫害防治等一整套完善的银杏种植技术体系，于2002年被国家标准化管理委员会授予“全国银杏标准化示范区”称号。

“泰兴白果”因果大、出仁率高、浆水足、糯性强、耐贮藏，品质为全国之冠。先后获得“原产地域保护产品”“AA级绿色食品”“有机食品”等多项国家级荣誉称号。全市定植银杏树300万株，其中50年以上树龄的9.4万余株，100年以上的6 180多株，500年以上的34株，千年以上古银杏12株。常年白果产量1万吨，约占全国总产量的1/3。泰兴市委市政府将成片银杏林保护列入全市整体建设规划，专题出台规定，禁止乱砍滥伐。先后两次颁发林权证依法保护，对一级古银杏树编号挂牌，加装构架，复壮维护。

泰兴市以国家级古银杏公园为重点，开发集休憩、观光、度假、科普服务为一体的银杏生态休闲观光旅游项目，坚持把中国重要文化遗产银杏种植系统保护与发展作为全市经济社会发展重点工作，制定出台了一系列政策措施，加快推进银杏种植系统保护与发展、文化传承和产业开发融合发展。

# 江苏高邮湖泊湿地农业系统

江苏高邮湖泊湿地农业系统位于江苏省扬州市高邮市境内，是以中国第六大淡水湖高邮湖湿地为生活和生产区域，以鸭、鱼、蟹、稻为核心的农、林、牧、渔等复合型生态农业系统。系统总面积有6万多公顷，由水域、滩涂和陆地构成，其中核心区位于高邮市最北端的界首镇，面积约445公顷。

早在7000～5000年前，高邮湖泊湿地农业肇始于璀璨的龙虬庄文明，先民们在湖沼地带采集渔猎、饭稻羹鱼。北宋时，湖区特色农产品双黄鸭蛋和高邮湖大闸蟹开始在全国声名远播。明万历年间区域内数量众多的小湖彻底联并成一个大湖，高邮湖泊湿地农业的核心生产区基本形成。

高邮湖泊湿地农业系统的核心技术是鱼、鸭、蟹、稻结合的立体式农作，即在湖区陆地和水陆交错空间内实行稻鸭共作，在水体空间中实行鸭、鱼、蟹混养。区域内生物多样性十分丰富，并在广阔复杂的作业区上孕育了多样而优质的农产品，其中，“中国三大名鸭”之一的高邮麻鸭是国家级畜禽遗传资源保护品种，高邮湖大闸蟹和高邮双黄鸭蛋为“国家地理标志产品”。

高邮人对“母亲湖”的热爱和崇拜长达几千年，湖上众多被创造和传颂的传说故事影响了高邮人的文化与性格。高邮鸭现已是当地最具代表性的文化标识，它全面深入到了高邮人的日常生活当中。而渔民又自有一套历史悠久又独具特色的文化习俗。江苏高邮湖泊湿地农业区历经几千年的自然变迁和人工雕琢，形成了完整而立体的农业景观，让人置身其中，流连忘返。

# 江苏无锡阳山水蜜桃栽培系统

江苏无锡阳山水蜜桃栽培系统位于无锡市惠山区阳山、钱桥、洛社等乡镇，水蜜桃栽培面积3.2万亩。

无锡水蜜桃种植历史悠久，最早可追溯到宋代。明万历《无锡县志·土产》已有“沿山隙地，多辟桃园”的记载。阳山水蜜桃有20多个品种，传统代表品种有雨花露、银花露、白凤、阳山蜜露、白花等。鲜桃充分成熟时，香气浓郁，桃肉柔软多汁，皮易剥离，糖度高，酸度低，风味鲜美。近年来，“阳山”牌水蜜桃先后获得了“江苏省名牌产品”“江苏省著名商标”“中国名牌农产品”“北京奥运会推荐果品”等一系列殊荣。阳山境内的安阳山，山峰突兀，断岩峭壁，曾被明太祖赞为“八面威风”。三月间，6 000亩桃花漫山遍野，竞相怒放，争奇斗艳，绚丽多姿，把古老的阳山点缀成一个真正的“桃花源”。阳山已连续20年举办“中国·无锡阳山（国际）桃花节”，桃花文化已深入当地民俗文化。每年桃花盛开之际，阳山百姓会邀请亲朋好友一起吃蟠桃宴，赏桃花庵。

借由农业文化遗产保护的东风，阳山水蜜桃栽培系统将更好地发挥其生产、生态功能，保护好、利用好这一珍贵的农业文化遗产将成为当代阳山人的一大重要使命。

# 浙江仙居杨梅栽培系统

仙居县地处浙江省东南、台州市西部，是国家级生态县，山水秀美，杨梅生产环境得天独厚，素有“闽广荔枝，西凉葡萄，未若吴越杨梅”的说法。

仙居杨梅种植源于唐宋，兴于明清，盛于当代，明朝古杨梅历经千百年，今日依然生机勃勃。全国人大常委会原副委员长、著名科学家严济慈品尝仙居杨梅后，赞不绝口，欣然题写了“仙梅”二字。作为农村经济最重要的主导产业，仙居相继实施了“万亩杨梅上高山”“杨梅梯度栽培”“百里杨梅长廊”“杨梅品牌工程”等重点工程，种植面积13.8万亩，投产面积11万亩，年产量达7.5万吨，成为全国杨梅种植第一大县，拥有国内最大的杨梅专业加工企业，建有两条国内首创的万吨杨梅深加工生产线，年加工转化杨梅能力近4万吨，开发了杨梅干红、杨梅原汁、杨梅浸泡酒、杨梅发酵酒、杨梅浓缩汁、杨梅醋饮、杨梅蜜饯等30多个系列产品。

以梅为媒，仙居县每年举办杨梅节，推动农业与二三产业的联动发展，总产值超过10亿元，构建了地方独特的杨梅农耕文化和杨梅经济现象。作为中国杨梅之乡，仙居杨梅先后荣获国家地理标志产品、原产地保护标记注册证书及中国驰名商标，成功创建全国绿色食品原料（杨梅）标准化生产基地，仙居杨梅观光带被评为中国美丽田园。

# 浙江云和梯田农业系统

浙江云和梯田农业系统位于云和县崇头镇，最早开发于唐初，兴于元明，距今已有1 000多年历史。云和梯田范围以云和县崇头镇下垟村为中心，涵盖崇头、梅源、南山等11个行政村，海拔高度为300～1 200米，总面积51平方千米，其中梯田面积901.9公顷，是华东最大的梯田群。

该梯田系统横跨高山、丘陵、谷地三个地质景观带，最多处有700度层，是华东地区最大的梯田群，为中国三大梯田之一，不仅具有江南独特的山区农耕文化，而且拥有浓郁的畲族风情，素有“千层梯田，千米落差，千年历史”的美称，达到了“森林-村庄-梯田-河流”各生态系统特性的完美结合被摄影界誉为“中国最美梯田”。

云和梯田农业系统是以粮食生产为主，兼顾发展高山蔬菜的农业生产系统，也包括该系统在生产过程中形成的生物多样性，发挥的生态系统功能，呈现的人文和自然景观特征。保护和传承云和梯田农业文化能够增强云和县农业发展后劲，带动山区农民增收就业，为实现山区人民共同致富奔小康发挥积极的作用。

目前，云和县委县政府已建立镇一级非物质文化遗产保护领导小组，指导保护工作全面开展。对农业文化活动进行深入地挖掘整理，以文字、图片等形式对农业文化进行全面系统的记录，建立完整的数据库。此外，还建立了梯田吹打乐队，畲族山歌、沙铺山歌传承班，确定传承人，培养传承队伍，并完成梯田农业文化“六月六”开犁节相关民俗活动场地基础设施建设，以及梯田农业文化展览馆与云和梯田湿地公园的立项建设。

# 浙江德清淡水珍珠传统养殖与利用系统

浙江德清淡水珍珠传统养殖与利用系统地处浙江省湖州市德清县。它起源于南宋时期（公元1200—1300年）叶金扬发明的附壳珍珠养殖技术。这种将自然界珍珠的偶然形成转化成有意识的自觉培育过程，是古人的一大创举。

德清的地形地貌特征、水网分布，以及水域周边的森林环境、人居环境、陆地条件等为育珠蚌提供了很好的生长环境。蚌与其他物种形成复杂的生态关系，使蚌与水质变化关系等均达到平衡，整个生态系统能量转换和物质交流相对稳定。德清人还合理利用水土资源，形成了种桑、种稻（麦）、畜牧和养鱼相辅相成，桑地、稻田和池塘相连相倚的“粮桑鱼畜”系统和生态农业景观。此外，在长期的劳动和生活中，形成了丰富多彩、种类繁多的农耕文化，流传着众多的传说、民歌、谚语，保存了众多的农业工艺以及乡风民俗。

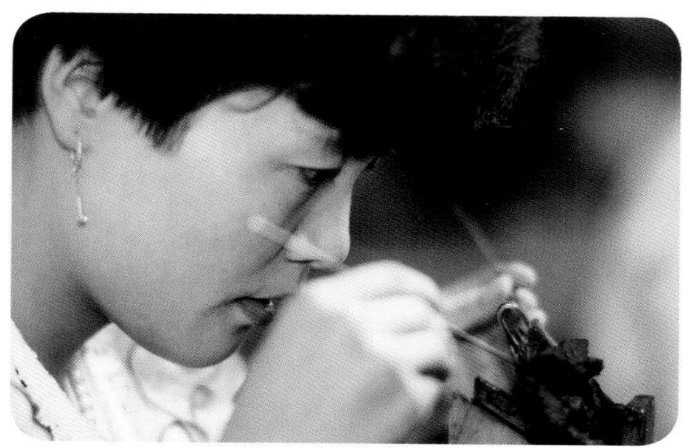

德清水域面积广阔，水质优良，适合淡水蚌生长繁殖，自古便是珍珠养殖的重要地区，能用于育珠的蚌类有10余种和其他种类多样的水生生物。以附壳珍珠养殖技术为代表的生产技术，在宋朝时德清的钟管和十字港一带推广，不仅解决了人们的生计问题，降低了采珠危险性，而且促进了珍珠贸易及加工业的发展。现在，德清已形成了从河蚌养殖到加工成珍珠终端产品的完整的产业链条。

# 安徽寿县芍陂（安丰塘）及灌区农业系统

芍陂，现名安丰塘，位于淮河中游南岸、安徽省寿县南35千米处，距今已有2600余年的历史，是中国最早的大型蓄水灌溉工程。

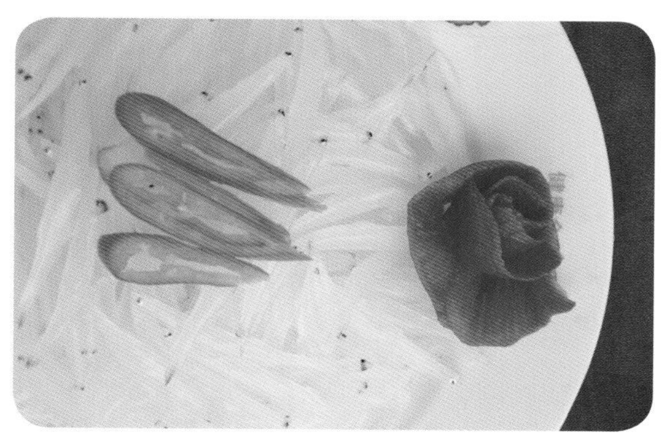

芍陂始建于春秋楚庄王时期，是时任楚国令尹的孙叔敖主持修建的水利工程。从春秋到清末，芍陂及灌区的发展几起几落，历经沧桑，屡经兴废。目前周长24.6千米，蓄水陂塘面积34平方千米，环塘水门22座，有分水闸、节制闸、退水闸等渠系配套工程数百座，渠系总长度678.3千米，蓄水量最高达1亿立方米，灌溉面积约4.5万公顷。芍陂经过两千多年的发展演变，持续运用至今，仍然为寿县13个乡镇、114个行政村、约60万人口的农业生产生活服务。孙公祠中现存几十块记载历代芍陂治理的碑刻和历史文献、灌溉管理制度、祭祀仪式等，构成芍陂丰富的灌溉文化。芍陂灌区以种植小麦和水稻为主，盛产大豆、酥梨、席草、香草等上千种生物资源。每年在孙公祠由地方官主持举行祭祀活动，仪式上舞龙、花鼓灯、抬阁肘阁等具有农业文明特征的民俗活动延续至今。

芍陂具有突出的农业文化遗产价值，其保护也具有巨大的现实意义。近年来，寿县县委县政府成立了遗产保护机构和芍陂研究会，编制了保护规划，实施了保护整治工程，对传统特色农作物品种进行了保护和培育。站在世界和中国“双遗产”的新起点上，芍陂的价值必将得到更大的提升。

# 安徽休宁山泉流水养鱼系统

安徽休宁山泉流水养鱼是休宁山区传统的养鱼方法，主要分布在休宁西南部和南部，涉及15个乡镇。南宋《新安志》和明清时期的《徽州府志》《休宁县志》都有详细记载。它是古徽州居民适应人多地少的自然条件，创造和发展起来的农业生产方式和土地综合利用方式，是山区代代延续的生产传统，也是一道别具生机的人文风景。

千百年来，山区居民依托优越的生态环境，在村落附近，或家前屋后，或庭院天井中，挖坑筑池，引入清澈甘洌的山泉溪水放养家鱼。鱼池都设有进水口和出水口，池内长期保持优异的水质，鱼群常年生长于山泉流水环境中，摄食当地无污染的天然饵料，是地道的有机绿色食品。山泉流水养鱼系统通过水陆相互作用，把多种生物聚集在同一单位的土地上，多层次利用物质和能量，构成了以“森林–溪塘–池鱼–村落–田园”为要素的农业生态系统，营造出多样的生态基底和多元的生态空间，蕴含丰富的人文与自然景观资源，并衍生出与系统相关的乡村宗教礼仪、风俗习惯、民间文艺及饮食文化。形成了人与自然和谐共处，村落与池塘共生，水鱼与林山共育，人文与自然共荣的生态系统。

随着城镇化步伐的加快和现代渔业的冲击，山泉流水养鱼系统面临巨大的挑战。目前，休宁县人民政府按照农业部中国重要农业文化遗产保护工作要求，制定了山泉流水养鱼系统专项规划和管理办法，通过生物多样性的保护，传统农业文化传承及乡村旅游和生态农业发展，从根本上解决农业增效，农民增收和文化遗产保护问题。

铜陵白姜颂文

# 安徽铜陵白姜种植系统

安徽铜陵白姜生产系统所产白皮生姜，因鲜姜呈乳白色至淡黄色而得名。铜陵生产白姜在《史记》中就有记载，到了北宋时期，铜陵白姜的面积、产量已经颇具规模，更凭借其品质上乘、口感极佳的优势，成为当时著名的白姜产区，同时纳入朝廷贡品之列，素有“中华白姜”的美誉。

姜具有药食同源的特殊功效，不仅作为调味蔬菜，还可以作为点心和菜肴食用，是大众认可的健康饮品。铜陵白姜也已被列入国家卫生部确定的药食同源的首批名单。姜园及生姜与农作物的轮作、套种制度，田间有机农家肥，生物体循环而产生的绿肥以及防护林带的多样树种都丰富了白姜种植体系植被的种类，形成系统内部稳定的动物、植物、微生物生态链。

铜陵姜农在长期的生产实践中根据白姜生长特性，不断总结形成一整套独特完整的铜陵白姜栽培技艺，包括姜阁保种催芽法、低沟高陇种植技术、茅草遮阴篷技术等，不仅提高了白姜的产量，也为白姜的生态化、规模化生产提供了重要途径。铜陵白姜近千年还流传下来众多的加工工艺，其代表性加工工艺为盐渍生姜、酱渍生姜、糖醋生姜以及糖渍姜。与姜有关的饮食、祭祀、文学艺术等文化特质深植于铜陵文化之中，为铜陵白姜生产系统的继续传承与发展提供了强大的内生动力。

# 安徽黄山太平猴魁茶文化系统

安徽黄山太平猴魁茶文化系统坐拥世界名山黄山、怀抱太平湖国家湿地公园，高山森林生态与湖泊生态系统交相呼应，生态环境得天独厚，呈现出“森林-高山茶园-森林-村落田园-湖泊湿地”的立体农业景观体系。

黄山太平猴魁茶文化系统的最初起源可以追溯到1 000多年前的唐朝。1900年，太平猴魁茶创制成功，随即一举成名，蜚声中外、绵延百年、延续至今。百年传承的《猴茶真经》印证了太平猴魁茶的顶级品质。系统内选育出本土优质茶树品种资源柿大茶，积累形成了高山生态茶园林茶共育和绿色栽培管理技术体系。发明出“三大阶段九道手工采制工艺”，被茶业界誉为“最高超、最精湛、最独特的制茶技艺”。形成独有的茶园生物多样性保护与利用、水土资源合理利用的传统知识和相关的乡规民约，完善了以本土茶树优良品种选育、高山生态茶园精细栽培管理、精湛猴茶采制工艺为核心的传统农业技术体系，至今对生态农业和循环农业发展以及科学研究具有重要价值。

太平猴魁茶文化系统不仅是一种农业生产方式，更是以人为本、与时俱进、因地制宜、效法自然、天人合一等哲学思想和生态智慧。

# 福建福鼎白茶文化系统

福建福鼎白茶文化系统位于福建省东北部的福鼎市，境内山海相邻，丘陵起伏。福鼎白茶的栽培与饮用的历史悠久，唐代陆羽《茶经》即有记载："永嘉县东三百里有白茶山。"据史料记载，明清时代，福鼎白茶"产银针、白牡丹、白毛猴和莲心等，远销重洋"。

福鼎白茶文化系统在栽培的自然空间上呈现立体群落结构，使白茶生态系统在物质循环与能量流动中达到了一种动态平衡，保持了相对的稳定，实现肥力的自我维持，并为丰富的生物多样性提供生存空间。在栽培上，白茶与番薯、芦柑、桂花树、木槿树等作物套种，提高了白茶的香气，也为茶树提供了遮阴，同时减少病虫害，使白茶的生长自然健康。福鼎白茶传承了传统而古老的制茶方式，是中国古代最早的茶叶制作方式，至今已经有几千年的历史。白茶加工不炒不揉，既不破坏酶的活性，又不促进氧化作用，保持品种特性。

饮用茶作为福鼎民众的生活方式，自然融入了福鼎民众的日常生活中，形成了以茶为中心的茶民俗文化。尤其是在当地畲族的生活、劳动、会客、婚嫁、祭祀活动中，都能看到一钵煮好的茶，配合着朗朗上口的《敬茶歌》，凸显了浓郁的民族特色。

# 江西南丰蜜橘栽培系统

江西南丰蜜橘栽培系统地处盱江中上游，覆盖南丰县全境，栽培面积70万亩。境内气候温和湿润，适宜柑橘生长，其柑橘栽培历史可追溯到2 300年前的战国时期，甚至更早。

唐代时期，南丰已形成复杂的柑橘品种群，有红橘、火橘、广橘、乳橘等。其中，乳橘经不断繁育改良，形成新的生态品种群，人们以其味甜如蜜称之蜜橘，被冠以产地名后称为“南丰蜜橘”，距今已有1 300年以上的历史。南丰蜜橘因具有色泽金黄、皮薄核少、肉嫩无渣、香气馥郁、营养丰富等特点，成为历代朝廷贡品，故又称为“贡橘”。

南丰蜜橘是南丰橘园的主要种植品种，广橘、朱红橘、火橘、本地甜橙、金柑等其他传统品种亦有栽培。通过多品种多品系混种、林下间作套种、橘基鱼塘、猪沼果鱼、橘园养蜂等种养模式，南丰橘园形成了以柑橘类林果作物为主的农业生态系统，获得经济与生态双收益。以廓背园为代表的老橘区，还开发出橘基鱼塘系统，创造了“橘因塘而丰，鱼因园而肥”的循环农业景观。随着种植范围的逐步扩大，南丰橘园从河岸沙地到丘陵山地均有分布，呈现出“森林–山地橘园–农田–平地橘园–村落–洲地橘园–河流”的立体景观特征。

在漫长的发展与演化过程中，南丰橘农形成了一套以南丰蜜橘为主的柑橘栽培技术体系，柑橘生产也渗透到橘农生活的方方面面。历经千年，南丰蜜橘不仅为橘农提供了生计保障，更成为他们所崇尚的精神寄托。

# 江西广昌莲作文化系统

江西广昌传统莲作文化系统所处的广昌县，是江西省第二大河流抚河的发源地，因盛产白莲而被称为“中国白莲之乡”。目前每年种植白莲10万亩左右，从南部的驿前镇直到北部的甘竹镇，百里连片。

据考证，广昌白莲种植最早的文字记载是公元8世纪，至今已有1 300多年。广昌白莲栽培规模宏大，气势壮观，在山间谷地、梯田、冲积平原、盆地中均有种植；莲田或为单独的大片莲田，或与老树竹林、山水村庄相依，或与丹霞怪石、河流湿地结合。

经过长久的历史传承与创新，广昌莲农将白莲从池塘湖泊移到水田，拓展了白莲发展的空间；创造独特的白莲加工工艺，使广昌白莲形成了“香甘烂绵”的独特品质；丰富的轮作套养模式，实现了白莲可持续生产，出产了丰富多样的农产品。广昌莲文化传统深厚，与之相关的民俗活动琳琅满目。系统产出的主要产品有广昌通芯白莲、荷叶茶、藕粉、莲子汁、莲芯茶、莲子面条、藕粉面条、莲子奶粉、莲子饼干、莲子保健品、茶树菇等。

广昌县目前已经成为我国最大的白莲科研生产中心、集散中心和价格形成中心。同时，广昌县依托特有的莲花资源发展休闲旅游，全县年接待游客80万人以上，实现旅游收入上亿元。2016年“中国莲花第一村”姚西莲海景区成功挑战“世界最大莲池”吉尼斯世界纪录。

# 山东枣庄古枣林

山东枣庄因枣得名，枣庄古枣林位于山亭区店子镇8万亩长红枣园内，核心保护区面积1 800亩，其中，树龄100年以上的古枣树7 200余棵，500年以上1 186棵，1 000年以上的372棵，1 200年以上的“枣树王”“枣皇后”“唐枣树”共有38棵，尚能正常开花结果，是山东现存规模最大、保存最完整的古枣林。

山东枣庄古枣林栽培历史悠久，起源于北魏，盛行于唐宋，是国家级标准化生产示范基地。明万历十三年（公元1585年）《滕县志》记载：“枣梨东山随地种植，山地之民千树枣，土人购之转售江南。”（“东山”即现山亭区店子镇）。由于该镇独具红砂石土壤，造就了长红枣的独特品质：果实肉厚、核小、质细、无楂，鲜果酥脆酸甜，干果油润甘绵，富含人体必需的17种氨基酸和24种微量元素，既可食用也能入药，被誉为“天然维生素丸”。

近年来，由于大枣价格相对走低，许多枣树被砍伐改种其他果树，致使部分古枣树遭到破坏，如不采取措施，古枣林将面临消失的危险。为此，区政府专门成立保护委员会，编制保护规划，设立古枣树保护基金，邀请有关专家对保护区内的千年古枣树“体检”，实行“一树一策一责任人”，加大对古枣林农业文化遗产的宣传力度，争取广大枣农对古枣林保护的认可和支持。通过采取有效措施，枣庄古枣林农业文化遗产得到了充分保护和传承，获得遗产地人民群众一致好评。

团结奉献
不屈不挠

# 山东乐陵枣林复合系统

千年枣林区域位于山东省乐陵市，涉及7个乡镇，迄今已有3 000多年的历史。乐陵金丝小枣曾是皇家御用品，因其果、叶、皮、根均可入药，被乾隆皇帝誉为“枣王”。同时，它也是联合国卫生组织目前唯一认定的既是产品又是药品的果实，被誉为“全国最大千年原始人工结果林”“山东省旅游摄影创作基地”等。千百年来，枣树已是祖辈们在战天斗地、防风固沙中留下的宝贵物质遗产和精神财富。

在培植方面乐陵人民探索出了一套“育枣经”，他们独创的枣树环剥技术，有效提高了枣树的坐果率，保证了乐陵小枣的品质和产量；利用枣树发芽晚、落叶早、枝疏叶小、根系分散、水肥需求高峰与农作物相互交错，枣树和农作物的生长具有互补性等特点，发明了枣粮间作复合生态系统，有效改良了土壤，提高了枣粮产量；发明了枣树、杏树、花椒树等混种、同时在树下散养家禽的庭院经济生态系统模式，既提高了经济收益，也有效防治了树木的病虫灾害，形成人类与动植物的良性生态系统。

随着生产模式的改变，受到水利、交通和劳动力等因素的影响，千年枣林正面临着被砍伐和被抛弃的危险，传统的耕作方式也面临着严峻挑战。目前，乐陵市政府制定了古枣林保护发展规划，出台了《乐陵千年枣林农业系统管理办法》，通过生物多样性进一步改善，将传统的农耕文化和现代的新兴技术结合起来，从根本上解决农民增收、农业可持续发展和遗产的保护问题。

# 山东章丘大葱栽培系统

山东章丘大葱栽培系统地处山东中部，核心保护区位于章丘区绣惠街道办事处。穿越2 000多年的时光隧道，章丘人历经多次智慧改造，造就了高、大、脆、白、甜的“世界葱王”。目前，全区大葱种植总面积达到12万亩，实现年产值近20亿多元，成为拉动区域经济发展、带动农民增收致富的支柱产业，章丘大葱的品牌价值达到140.44亿元。

特有的地方品种（大梧桐、气煞风）、多年来演变传承下来的独特的种植工艺、得天独厚的水土资源和良好的生态环境造就了章丘大葱卓越的品质和口感。葱脆香甜的章丘大葱，生吃、凉拌最佳，炒食、调味、配锅亦好，且其性温，常食可开胃消食、杀菌防病。葱白、葱汁、葱须、葱种等均有较高医用价值。

遗产区域内，大葱与其他生物和谐共生，相得益彰。形成了独具特色的农业景观。“状元葱”产地——女郎山，风景秀丽，植被茂密，土壤肥沃，灌溉便利，章丘大葱遍布女郎山。山中，葱仙子庇佑着勤劳的章丘葱农。为了充分挖掘和保护章丘大葱文化，近几年在女郎山上建立了山、田、文化为一体的观光型章丘大葱郊野公园和承载章丘大葱悠久历史的大葱文化博物馆。

章丘大葱以其悠久的栽培历史、深厚的文化底蕴、独特的优良品质享誉国内外，作为传统特色农业，它也是人类文化遗产的一部分，保护并发扬光大这一优秀的农业文化遗产意义重大。

# 河南灵宝川塬古枣林

川塬古枣林位于河南省灵宝市，由明清古枣林和古枣树群落组成。其中明清古枣林地处兵家必争之地的函谷关和中华民族摇篮的黄帝铸鼎塬及其周边的5个乡镇，枣树品种为著名的“灵宝大枣”。

古枣树群落则零散分布于全市居民的房前屋后，枣树品种则以历经数千年传承的地方品种“小灵枣”为主。有着5 000年种植历史，并有1 800余年利用记载的灵宝川塬古枣林，是中华民族的宝贵财富。早在数千年前，大枣已成为当地的支柱产业，同时也是重要的救灾食物；而作为重要的园艺作物，其在2 000多年前已形成的蔬花技术、株行距技术等仍是目前国际园艺生产最重要的技术；其地方品种特有的根孽苗、防风固沙、抗旱耐涝等特征，则为当地品种种性的保持和目前生态保护与治理提供了重要技术。

地处中华民族发源地、中华道教文化发源地和古代主战场，又赋予灵宝川塬古枣林以独特的文化、军事和医药价值。著名的《道德经》便产生于该遗产地中心的函谷关，铸鼎塬承载着中华民族起源的符号；作为战时屯兵主要场所的古枣林和战时优良薪柴，赋予了明清古枣林特定的军事价值；历代积累下来的枣医药和养生文化则成为中华医药的重要部分，而灵宝枣的特有医药功效又赋予该项遗产独特的价值。

# 河南新安传统樱桃种植系统

河南新安传统樱桃种植系统地处欧亚大陆桥上，其北暖温带大陆性季风气候特征有利于果树储糖挂果，尤其是樱桃等高糖水果生长。系统所产“樱桃”以色艳、味浓、肉厚，水分多而闻名。新安樱桃栽培的文字记载始于东汉，古树最长树龄已有1400年。现已经认定的千年樱桃古树有30株，百年以上樱桃古树有500余株。新安樱桃早在汉、魏、晋、唐等朝代就被选为宫廷贡品。

樱桃树生长的环境要在向阳背风、沟壑纵横的地方。洛阳盆地四周，沟壑纵横，清流曲绕，向阳背风处最宜樱桃生长，历代都为人民重视。优越的生长环境造就了新安樱桃个大肉肥、色红润、味甘美的品质特征。同时，遗产地丰富的农业品种资源是农户生计收益的有益补充。樱桃园还给沟壑区提供了不可替代的生态系统服务。

新安传统樱桃种植系统在我国仅存的古樱桃林中不仅种植规模大、十分罕见，而且其文化内涵在国内也是独一无二，具有极高的文化价值、生态价值、示范价值及科研价值。成为中国重要农业文化遗产，将使这一重要文化遗存得到最大限度的保护，使之成为人类所共享的精神和物质财富。

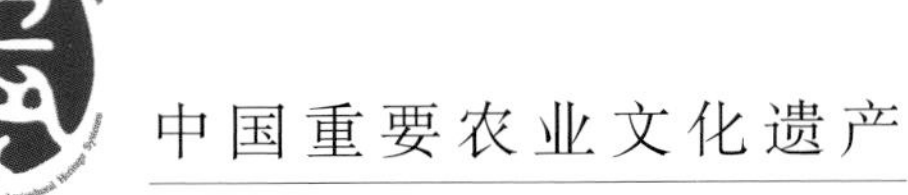

# 湖北恩施玉露茶文化系统

恩施市地处湖北省西南部的武陵山区，属亚热带季风性山地湿润气候，雨量充沛、温暖湿润。冬无严寒、夏无酷暑。境内层峦叠嶂、森林茂密，蕴藏着极其丰富的森林资源、旅游资源和矿产资源。巴楚文化在这里水乳交融，有土家族、苗族、侗族等28个少数民族。

恩施是茶叶的原产地之一，西周有“武王伐纣、巴人献茶”之说，陆羽《茶经》有“巴山峡川有两人合抱者，伐而掇之”的记载。恩施玉露创制于清康熙年间，因获当地土司和当朝皇帝“胜似玉露琼浆”的盛赞而得名。在《中国茶经》中位列清代名茶，1965年入选“中国十大名茶”，2007年获国家地理标志产品保护，近年获得“中国驰名商标”，并入选了国家级非物质文化遗产保护名录。

恩施是农业部和省政府确定的茶叶优势区域，茶园面积已达32.5万亩，占全市土地总面积的5.5%。年产以恩施玉露为主的名优茶0.7万吨以上，占干茶总产的42%左右。被授予“全国重点产茶县”“中国名茶之乡”的称号。恩施玉露的加工，延续了唐朝陆羽《茶经》中的蒸焙工艺，创新了特殊的搓制手法，是中国唯一保存下来的蒸青针形绿茶。

恩施美丽的茶园已与自然景观融为一体，成为休闲观光的理想去处，而赋予了硒元素的恩施玉露则被世人推崇为健康奇珍。恩施玉露是恩施市人民政府重点打造的“三张名片”（“恩施大峡谷”“恩施女儿会”“恩施玉露茶”）之一。目前，市委市政府成立了恩施玉露茶产业协会，制定并颁布了恩施玉露地标产品的生产和加工技术规程，编制了恩施玉露保护与发展规划，建设了恩施玉露国家级非遗传承基地。

# 湖南新田三味辣椒种植系统

湖南新田三味辣椒种植系统位于新田县陶岭镇，因土壤类型以钙质页岩风化物土壤为主，呈弱碱性，质地较黏重，钙、硒、钾等元素含量丰富，加之当地的气候也与辣椒的生长周期非常匹配，经过几百年的栽培才使得该品种辣椒具备“香、甜、辣”的三味特性。

新田三味辣椒已有300余年的种植历史，其品种主要是羊角椒和婆瓜椒。近年来，新田三味辣椒作为当地农户脱贫致富的主导产业来推进，种植面积3 280亩。新田三味辣椒品种优良独特，是陶岭人民世代种植的优良地方品种不断进化提纯形成，属于中辣型，营养丰富。新田三味辣椒种植的传统技术百年传承，保证了辣椒品牌的独特性和权威性。2015年，“陶岭三味辣椒”成功申报为国家地理标志保护产品。2016年，荣获“中国名优硒产品”称号。以陶岭三味辣椒为主要原料加工而成的陶岭三味辣椒系列产品，已成为特色国字号品牌，多次获得国家金奖。

随着时代发展，新田三味辣椒不断创新，新田县政府与人民立志保护好这一独具特色的传统农业系统，让农业文化遗产绽放光彩。

# 湖南花垣子腊贡米复合种养系统

湖南花垣子腊贡米复合种养系统位于湖南省湘西自治州花垣县，地处云贵高原东缘、武陵山脉中段。

在神秘的“苗疆生界”中，明代初年设崇山卫时，开始大力推广水稻种植，并进贡宫廷，逐渐形成特色鲜明的苗族农耕文化。据考证，在明朝初年，从花垣县外引进的贵阳粘经驯化后形成了本地稻谷品种——子腊老谷种。在神秘苗疆，纵横交错的山泉溪流构建出脉络清晰的灌溉系统，连片稻田沿子腊河呈条带状分布，四面崇山环绕、森林茂密，形成独特的峡谷稻田美景和神秘的苗寨风情。

“铺树造田”“稻鱼鸭鸟蛙”等复合种养、育林蓄水等传统农耕与生态技术，实现了水土资源的集约利用，是兼顾经济效益与社会效益的传统农耕智慧的集中体现。区域内生物多样性和农业生物多样性丰富，苗族文化与农耕文化不断融合，在当地形成了精彩纷呈、特色鲜明的苗族农耕民俗文化，并产出许多特色鲜明，种类丰富的优质农产品。

湖南花垣子腊贡米复合种养系统是花垣县子腊村的苗族先民们创造性地开垦利用土地、采取复合种养的集体智慧结晶。花垣人民将继续传承和保护好这一珍贵的农业文化遗产。

# 广西隆安壮族“那文化”稻作文化系统

广西隆安壮族“那文化”稻作农业系统位于北回归线以南的广西右江下游谷地。面积2 277平方千米，人口40.53万，壮族人口占94%。区域内河道纵横，湿地密布，水、土、热资源丰富，发展稻作农业的自然条件优越。壮族人民把水稻田叫做“那”，隆安壮族稻作文化历史悠久，以大石铲祭祀遗址、“雒田”遗址景观、稻神祭习俗遗存最具特色，被学术界誉为“那文化”之都。

隆安以稻神山为中心的罗兴江、渌水江、右江三角洲区域，旧石器时代和新石器时代的稻作生产、生活和文化的遗址众多，形成了独特的稻作历史文化遗址景观，学术界认定为中国栽培稻的重要起源地之一。远古时，壮族先民古骆越人在这一区域因地制宜创造了“依潮水上下”而耕作的“雒田”生产方式，开辟了中国最早的有相当耕作规模和完备灌溉系统的水稻田，创造了石器时代稻作生产的专门工具——大石铲，形成了许多流传至今的具有独特风情的稻神祭祀习俗和生产生活民俗，成为壮族标志性的稻作农业历史文化景观，是广西最美丽的田园之一。2014年，隆安的布泉河稻田景观被评为中国美丽田园。

隆安县壮族“那文化”稻作农业系统的许多历史文化遗址和田园景观因现代经济建设项目的开发而遭到了人为的破坏，稻作生产生活民俗也日渐式微。近年来，隆安县政府努力打造壮族“那”文化品牌，编制了《壮族“那”文化稻作农业系统保护与发展规划》，落实各项保护措施，壮族“那”文化品牌成为隆安县文化的最亮点。

# 广西恭城月柿栽培系统

恭城瑶族自治县位于广西东北部，桂林市东南部，是著名的“中国月柿之乡”，柿树栽培与加工已有400年的历史。依靠得天独厚的自然条件，经过数百年的自然进化和劳动人民的精心栽培，恭城月柿这一独特的柿树品种逐渐形成。目前，全县恭城月柿种植面积19.58万亩。

恭城月柿现已开发出柿饼、甜柿、脆柿、果脯、柿馅饼、柿叶茶、柿果酒等系列产品。恭城月柿果形美观、色泽鲜艳、脆柿脆甜可口、冻柿清香甜心、柿饼甘柔如饴，还具有多种保健功能。恭城月柿获得了“农产品地理标志登记保护产品”“全国优质果品”“广西著名商标”等一系列荣誉。恭城月柿种植集中，连片的万亩恭城月柿形成了一道道独特靓丽的风景，也实现了有效的生态系统服务。

恭城县委、县政府因势利导，依托丰富的人文自然资源，把生态果园风光与民俗文化结合起来，大力发展生态旅游产业，红彤彤的月柿带旺了恭城的旅游服务产业，为这一农业文化遗产的保护与发展提供了有效途径。

# 海南海口羊山荔枝种植系统

东起海口市龙塘镇，西至石山镇，北临海口市区，南至新坡镇，这方圆一百公里，被俗称为羊山地区。海口羊山火山群是中国唯一处于热带地区的第四纪火山地貌地质遗迹，火山密集、类型多样，熔岩隧道奇特，是极为罕见的火山地貌和熔岩地貌。同时，这里植被丰富，有大片的原生态雨林、湿地和自然水泊，形成独特的羊山小气候。

优越的自然环境孕育了近2 000年的荔枝种植历史。至20世纪60年代，羊山地区有野生荔枝母本群6万亩之多，至今仍有4万多亩。上百年的古树随处可见。它们生长于火山岩缺土、缺水等恶劣环境中，却能茁壮成长，年年硕果；在饥荒时，为羊山人提供食物；它们生长在火山岩石缝及低洼处，防风固土，涵养水源，在无数次台风的疯狂肆虐之下，屹立不倒，为羊山人守卫家园。

火山岩土壤中含有丰富的微量元素“钼”，对果实糖分的积累具有重大作用。同时，火山岩土壤中还富含硒等稀有元素。因此，羊山地区的荔枝不仅果大、核小、味美、色艳，常食还有保健功效。永兴镇古名“雷虎”，自古就有“雷虎荔枝、荔染三台”之贡品美名，是羊山六镇荔枝销售集散地。如今，“永兴荔枝”已经成为中国地理商标产品。

# 海南琼中山兰稻作文化系统

琼中黎族苗族自治县地处海南岛中部，五指山北麓，水稻种植历史悠久，是黎族和苗族人在长期的农耕生产中形成了独特的农业系统。

在海南丰富的稻种资源中，以山兰稻为代表的旱稻品种仍然十分珍贵。它主要分布于海南岛山区和丘陵山地，具有独特的农艺特性和较强的抗旱生理特征。山兰稻穗粒大，糙米粗蛋白含量高，有的种质还具有较好的蒸煮品质，营养好，口感佳。作为稻作抗旱、优质育种的原始亲本材料，山兰稻种质资源有很高的研究价值与经济价值。

黎族人传统种植山兰稻的方式是“砍山兰”，也就是我们常说的刀耕火种；并与其他粮食作物实行轮作与套种，最大限度地增加地面覆盖、增加生物固氮、减少水土流失，并且可以在全年不同时间收获粮食，保证比较稳定的食品和蛋白质供应。与稻作文化相得益彰的是传统山兰稻作文化，山兰酒、山兰歌、山兰节都极具地方和民族特色。

# 重庆石柱黄连生产系统

重庆石柱黄连传统生产系统位于中国重庆市的东南部地区（简称渝东南地区），正好跨越了神秘的北纬30°线。这一区域特殊的地理面貌、气候环境和水文情况，孕育了各种各样特有的动植物品种。其中，黄连就是中药材的原料植物的代表。渝东南石柱土家族自治县的黄连原料产量，占全球总产量的60%，位于石柱县黄水镇的黄连市场，完成了全球80%以上的黄连原料交易。

重庆石柱黄连传统生产系统具有悠久的种植与商贸历史，据可考证文献记载，其种植最早可追溯到距今1200多年。黄连是我国传统中药黄连的原植物之一，药材商品名为味连，具有清热燥湿、泻火解毒的功能。黄连始载于《神农本草经》，被列为中草药中的上品。

重庆石柱黄连传统生产系统农业景观多样，包括由生物景观、地文景观、天象景观、水文景观等组成的自然景观，还有由历史遗迹、民俗风情、史事传说等组成的人文景观。石柱人传承了完整的黄连种植、加工技术。并依托当地独特生态环境，形成了包含丰富黄连文化元素的民俗文化特征。

# 四川苍溪雪梨栽培系统

苍溪县地处四川盆地北缘，位于大巴山南麓，全县森林覆盖率46.5%，气候适宜、交通便利，独特的地理环境和气候孕育出了苍溪雪梨。

苍溪雪梨又名施家梨、苍溪梨，具有“外形美观，果肉洁白，味甜如蜜，清香无渣，入口即化”等特点。果实多呈倒卵形，特大，平均单果重472克，大者可达1 900克，被誉为“砂梨之王”。1964年，毛主席品尝苍溪籍老红军罗青长赠送的雪梨后，曾指示：“你们家乡还能产这么好的梨，要大力发展，让全国人民都能吃上它。”苍溪县利用苍溪雪梨这一独特优势资源，在每年梨花盛开的时候，已成功举办了十二届梨花节；大力发展以“赏梨花、品雪梨、住农家”为主的生态乡村旅游，建有国家3A级景区中国·苍溪梨文化博览园，博览园现有百年老树202棵，虽历经沧桑，仍枝繁叶茂，果实累累，单株产高达350千克，实属罕见。苍溪雪梨于1989年被农业部评为优质农产品，1998年被授予“中国雪梨之乡”，先后获得“梨王”牌注册商标、证明商标、中国驰名商标、地理标志产品、全国绿色食品苍溪雪梨原料生产标准化基地县。

苍溪县委、县政府把苍溪雪梨纳入骨干产业重点发展，目前，全县种植梨树15万亩，产量8万吨，年产值2.4亿元，建运山、陵江等两个万亩梨标准化示范园区，为县域经济的发展起到至关重要的作用，其作为农业文化遗产的价值正在得到更大体现。

# 四川美姑苦荞栽培系统

四川美姑苦荞栽培农业文化系统位于四川省西南部的凉山州美姑县。在美姑县海拔2 800～3 400米的范围内，是苦荞的发源地，苦荞长势最好。

美姑全县栽培的“额拉”“依额”“川荞1号”“川荞2号”“额洛乌其”“额曲”等优良品种，常年播种面积18万亩，其中春荞10万亩，秋荞8万亩，占全县农作物播种面积的37.7%，总产量2.7万吨，占粮食总产量的30.7%。美姑栽培苦荞与食用习俗具有2 000多年的悠久历史，举凡彝人出生、满月、成人礼仪、婚丧嫁娶、祭祖大典都离不开苦荞食品。美姑苦荞栽培农业文化系统，是彝族人民祖祖辈辈传承的重要农业文化遗产，是美姑县农民收入的重要来源。

随着社会经济发展，先进农业科学技术的推广应用，美姑彝族的传统耕作正在被现代农业替代，苦荞栽培与食用习俗文化面临濒危状态。凉山州美姑县高度重视苦荞栽培农业文化遗产的挖掘与保护，全面开展苦荞品种资源利用、高产栽培与标准化技术推广，制定苦荞栽培与食用习俗文化保护计划等一系列举措，促进美姑苦荞这一传统优势产业获得可持续发展。

# 四川盐亭嫘祖蚕桑生产系统

四川盐亭嫘祖蚕桑生产系统处于古蜀国东部边境地区，巴蜀交界处，四川盆地中部偏北，属浅丘地貌。

嫘祖蚕桑，已有5 000多年历史。在盐亭县金鸡镇、高灯镇等地，出土三星堆古蜀文明独有的石壁和大量恐龙、东方剑齿象、犀牛化石及金蚕、铜蚕、石蚕、巨桑化石，有先蚕嫘祖出生在盐亭县金鸡镇，发明栽桑养蚕、缫丝制衣的系列故事、丰富多彩的地缘文化和名胜古迹。嫘祖是中华人文始祖、黄帝正妃，是华夏民族的伟大母亲，和黄帝一道开创中华男耕女织的农耕文明，被誉为“人文母祖”。

盐亭有“四边桑”、大行桑、密植桑园“三结合”的栽桑布局，乔木桑、高干桑、中干桑、低干桑、无干桑错落有序。粮桑套种桑园、隙地坡台桑园，桑在林中，林在桑中，桑在粮中，粮在桑中，一派山水林田路桑的自然田园风光。盐亭有“簸簸蚕、兜兜茧”的分户传统养蚕和小蚕共育、大蚕省力化蚕台育、纸板方格簇自动上蔟的现代集约养蚕形式，春、夏、秋和晚秋四季养蚕布局。

入选中国重要农业文化遗产，为四川盐亭嫘祖蚕桑生产系统迎来了前所未有机遇，盐亭将保护和开发好“一带一路”丝绸源头，发扬光大嫘祖精神，保护好这一珍贵的遗产。

# 四川名山蒙顶山茶文化系统

四川名山蒙顶山茶文化系统地处四川盆地西缘山地，位于四川省雅安市名山区。蒙顶山是我国历史上有文字记载人工种植茶叶最早的地方。蒙顶山茶亦为茶中珍品，唐玄宗时已被列为贡品，作为天子祭祀天地祖宗的专用品，一直沿袭到清代，历经1 200多年而不间断。蒙顶山茶珍贵稀有，屡获国际大奖。2017年，“蒙顶山茶”被评为“中国十大茶叶区域公用品牌”。

蒙顶山是“茶树良种宝库”，茶树品种资源十分丰富，蒙顶山茶种植栽培过程中注重茶树与农作物间作，茶区生物多样性丰富，覆被良好，茶园采取“茶+贵木”“茶+果”等立体种植模式，推广“茶-林-绿肥”复合栽培模式，实施“猪-沼-茶”“草-羊-沼-茶”等模式，实现了养分循环、美化环境、提高品质等目标。

历史上蒙顶山茶历经蒙顶石花、蒙顶黄芽、玉叶长春、万春银叶、蒙顶甘露，形成了绵延千年的名茶系列，历久益彰。依托茶形成的川茶文化积淀厚重，历久弥香。同时，以名山为起点的“川藏茶马古道”现已成为重要历史文化古迹。

名山区牢牢守住发展和生态两条底线，全面开展科技兴茶、龙头兴茶、市场兴茶、品牌兴茶、文化兴茶“五大举措”，加快推进茶产业转型升级，保护和发展好这一珍贵的农业文化遗产。

# 贵州花溪古茶树与茶文化系统

贵州花溪古茶树与茶文化系统位于贵州省贵阳市花溪区久安乡，距花溪区19千米，距贵阳市区21千米。

久安乡地处阿哈水库上游，海拔在1 090～1 402米，80%的土壤为硅铝黄壤，地处于亚热带季风温润区，种种自然环境条件都极其适宜优质茶树的生长。久安村早期的传统农业经济主要以粗放型为主，农业产业结构较单一，生产规模较小。由于当地土壤气候条件适宜种植茶叶，花溪逐渐将其发展为支柱性产业，从明代发展至今。据茶科所专家们的鉴定证书来看，久安乡古茶树共有54 000株，平均树龄大约600年，几乎略等于贵州“文明开化”的历史年限。以古茶树为原材料，花溪人贡献出了久安千年绿、久安千年红两款佳茗。久安千年红，外形条索紧细卷曲，匀整，显金毫，色泽乌润，古韵深远，香味浓郁高长；久安千年绿，外形条索紧细卷曲，匀整，色泽翠绿、显毫，香味高扬，古韵深远。

近年来，花溪区加强对古茶树的保护与综合利用，先后颁发了《古茶树保护措施》《花溪区久安现代高效茶叶示范园区茶树保护管理制度》《花溪区人民政府关于在久安乡建立古茶树保护点的决定》等。同时建立久安古茶树综合开发示范园区、古茶树科技研发中心、精品茶园等，致力于打造集古茶科考、文化休闲、田园观光等为一体的现代高效农业茶叶示范区。

# 云南双江勐库古茶园与茶文化系统

云南双江勐库古茶园与茶文化系统位于双江拉祜族佤族布朗族傣族自治县，涉及6个乡（镇）和2个农场，总面积16万亩。系统内1.27万亩野生古茶树群落，是目前国内外已发现海拔最高、密度最大、分布最广、原生植被保存最为完整的野生古茶树群落，是茶树种质资源和生物多样性的活基因库，是中国首个以古茶山命名的国家级森林公园。

据史料记载，明成化二十年（公元1485年），双江开始在勐库冰岛村一带人工驯化种植茶树，经过500余年的种植驯化，铸就了当今勐库大叶种茶内含物质丰富、茶汤明亮、醇香悠长的优良品质。曾两次被全国茶树良种审定委员会评为国家级茶树良种，被中国茶叶界权威赞为“云南大叶茶正宗”“云南大叶茶的英豪”。双江县是全国唯一由拉祜族、佤族、布朗族、傣族共同自治的多民族自治县，各民族生产生活与茶叶息息相关，创造了灿烂的茶文化。拉祜族的七十二路打歌，是非物质文化遗产，更是拉祜人民的茶心；佤族的鸡枞陀螺，是飞旋的使者，更是佤族人民的茶性；布朗族的蜂桶鼓，是生命的方舟，更是布朗人民的茶灵；傣族的象脚鼓，是节日的祈福，更是傣族人民的茶魂。

近年来，双江自治县人民政府出台了《古茶树保护管理条例》，制定《保护与发展规划》等系列办法和措施，成功申报勐库大叶种茶农产品地理标识认证，对保护、传承和利用好这一珍贵的农业文化遗产，推动经济社会跨越发展奠定了坚实的基础。

# 云南腾冲槟榔江水牛养殖系统

腾冲槟榔江水牛是中国发现的唯一的河流型水牛。该群体主要分布于腾冲槟榔江河谷一带，有2 000多年的饲养历史。经历了长期闭锁繁衍和风土驯化，形成了适应当地气候环境的独特水牛群体，是乳、肉、役兼用的河流型水牛品种，现有群体4 260多头。

槟榔江水牛被毛稀短，皮薄油亮，皮肤黝黑，角形螺旋形，四肢发育正常，肢势良好，体质结实，结构匀称，母牛后躯发达，侧视楔形，与本地水牛有着明显的外貌区别。通过加强对槟榔江水牛的选育、扩繁形成性能稳定、外貌一致的优良品种，可解决中国发展奶水牛产业的种源瓶颈，惠及全国800万头沼泽型水牛的改良。

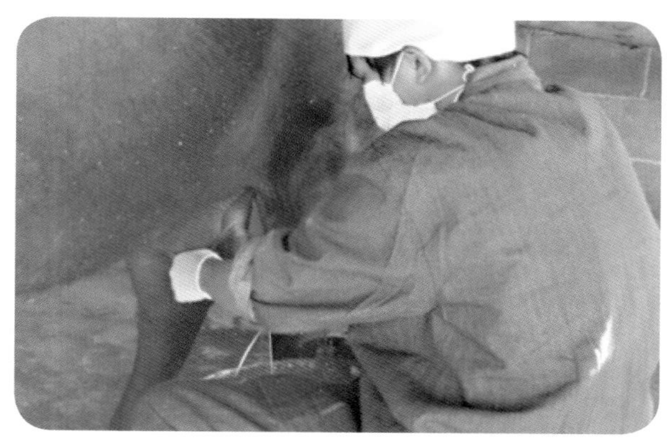

牛作为六畜之首，在农耕文化中具有举足轻重的地位。腾冲少数民族与汉族杂居共处，文化上相互影响，又各袭传统，从而形成了腾冲特色的水牛文化。槟榔江水牛角还用于腾药的加工，其中“安宫牛黄丸”最为著名，其他部位也多用于药用或可加工成艺术品。

腾冲槟榔江水牛养殖系统带动了当地多功能农业发展，在生态文明建设、农业可持续发展方面具有重要价值。目前，国家对槟榔江水牛保护极为重视，紧抓国家“一带一路及大通道”建设的机遇，通过政策的完善和技术的创新，发展和保护好这一珍贵的农业文化遗产是当下重大的历史使命。

# 陕西凤县大红袍花椒栽培系统

陕西凤县大红袍花椒栽培系统地处陕西东南部秦岭腹地，位于亚热带和暖温带分界线上。其特殊的地理位置和复杂多变的地形地貌，保存了丰富而优质的花椒种质资源。凤县大红袍花椒历史悠久，自三国时期起便有种植。

产于凤县山区的大红袍花椒，因油腺发达、麻味浓郁悠久、口味清香、色泽鲜艳等特征，早在明清时期就已闻名全国，享誉海内外，成为历史名椒，被誉为“花椒之王”。凤县椒农在栽植凤椒的农业历史活动中，不断总结先人的智慧经验，总结野生古老花椒栽培模式，创新花椒生产技术。每年盛夏，大红袍花椒成熟采收的季节，凤县的沟沟岔岔，田间地头，红艳的大红袍凤椒将凤岭山地装扮织得分外妖娆，凤椒漫山遍野，醇香四溢。

凤县人民在劳动生活中创造历史，在栽培、采摘、加工、储存、交易、食用花椒的丰富历程中诠释着大红袍花椒与凤县人民的不解之缘。凤县大红袍花椒栽培系统中，更将多种果树、粮食和农业经济作物与花椒共同栽培，构成了种植区域生机勃勃的生态循环。椒农们在山间栽植大红袍花椒，以此为生，并衍生和创造出了独特的凤椒文化。

如今，勤劳质朴的凤县人十分重视凤县大红袍花椒栽培系统这一千年产业的保护发展，注重统筹发展与保护生态的关系，不断提升大红袍花椒产业整体水平。为促进遗产保护、发展地方生态经济而努力，让遗产不断焕发新的活力。

# 陕西蓝田大杏种植系统

陕西蓝田大杏种植系统覆盖蓝田县华胥镇、洩湖镇、三官庙、金山、厚镇、玉山、安村、普化、三里镇、前卫、蓝关镇、孟村、九间房等乡镇。其核心区范围为华胥镇，总面积为80平方千米。

蓝田大杏栽培已有2 500多年历史。相传在上古时期，伏羲、女娲因吃了其母华胥氏亲手所植大杏树的百年之果，灵气顿生，从而建立了远古华胥文明。有文字记载的大杏栽植历史亦可追溯到唐代以前。

蓝田大杏因产于华胥，色泽黄亮，故也被称为“华胥大银杏”。目前，蓝田县有丰富的大杏品种种质资源，树种资源有2门5纲65科219种，100年以上的古杏树有530多株。独特的地理位置和优越的气候条件造就了蓝田大杏的绝佳品质，久负盛名，华胥也由此享誉“大杏之乡”。而蓝田大杏凭借其特殊地理位置背景下系统内部的地质、地形、土壤和气候生态结构等生态因素，形成了独特的自然生态系统，维持着杏园自身小环境内的生态系统平衡并辐射影响周边小范围内的生态环境健康循环，也为杏园内部生物多样性和为所在地域内生物多样性的保护提供有利的支撑。系统还表现出良好的水土保持功能、水利的灌溉循环系统和农耕农事的立体种植的杏粮、杏果、杏疏、杏草、杏牧共生系统。

蓝田大杏千百年来，见证了民族的融合，农耕文明的发展，在融合与发展中实现自身的价值，蓝田大杏与杏文化已经随着时代的变迁深入到蓝田人的心里和生活中。

猪驮山大佛

# 甘肃永登苦水玫瑰农作系统

永登县位于甘肃中部，是闻名遐迩的“中国玫瑰之乡”，玫瑰栽植历史久远，距今已有200多年。

永登县所栽植的苦水玫瑰是中国四大玫瑰品系之一，为半重瓣小花玫瑰，属亚洲香型，是世界上稀有的高原富硒玫瑰品种，具有生长茂盛，花色鲜艳、香气浓郁、肉厚味纯、产量及出油率高、抗逆性强等特点。苦水玫瑰花朵中含有100多种有效成分，其中玫瑰精油含量0.000 4%、总黄酮（以芦丁计）每100克含量0.48、硒含量3.88毫克/克、香茅醇含量50%以上，含有的营养成分和药物成分对人体心脑血管、消化系统、新陈代谢以及免疫功能和抗氧化、抗衰老、抗肿瘤具有明显的药理作用。经过200年的提纯扶壮和不断选育，苦水玫瑰已发展成为既可食用、药用，又可用于轻工业加工的特色玫瑰，品种和品质优势逐渐显现，市场竞争力显著增强。目前，已注册了苦水玫瑰证明商标，制定了《苦水玫瑰生产技术标准》《玫瑰精油国家标准和国际标准》《玫瑰干花蕾地方标准》，完成了苦水玫瑰农产品地理标志登记。

在文化产业发展方面，与苦水玫瑰相生相伴发展起来的民间文化历史悠久、丰富多彩，主要有以猪驮山、渗金佛祖、母子宫为主的佛教文化，以苦水高高跷（国家级非物质文化遗产）、太平鼓、木偶戏、下二调（市级非物质文化遗产）为主的民俗文化和以玫海观光、梨园风情、丹霞地貌为主的旅游文化等，基本形成了一条极具特色的文化产业发展道路，全方位地展示永登苦水玫瑰农业文化遗产的价值。

# 宁夏中宁枸杞种植系统

中宁县位于宁夏回族自治区中部、宁夏平原南端，地处黄河两岸，为内蒙古高原和黄土高原过渡带，其大陆性季风气候适宜枸杞的生长。

中宁枸杞栽培历史始于唐、兴于宋、扬于明、盛于今，抒写了1 000多年长盛不衰的壮丽史诗和辉煌篇章，探索出了一整套技术完备的栽培管理系统和生物共生系统。中宁枸杞传承人遍布城乡村落，分六大派别，共有传承代表27名。正是他们无怨无悔的传承守护，才留下了中宁枸杞乃至中国枸杞的根和魂。经历1 000多年的栽培历史，上百个品种的演变选育，中宁人民不仅开创了传统枸杞种植与现代枸杞种植高度融合的栽培模式，而且创造性的继承了枸杞粑粑茶、枸杞糕、枸杞宴等传统养生保健制作方法，成功研制生产了上百种现代养生保健产品，开辟了枸杞养生与国内外对接的先河，更是建成了全世界最大的枸杞交易中心，成为中国乃至世界枸杞价格的晴雨表。

每年五月初五，中宁枸杞传统种植核心区的茨农都要举行盛大的祭拜枸杞仪式，祈望风调雨顺，枸杞丰收。茨农们一直传承着枸杞婚礼民俗仪式，祈望日子红红火火、爱情甜甜蜜蜜、福寿吉祥、白头偕老。每逢节日，中宁人总要品着枸杞粑粑茶、吃着枸杞宴，思绪顺着茶中涟漪轻轻散开、细细品出独属于中宁枸杞的一份古韵情怀。

# 宁夏盐池滩羊养殖系统

宁夏盐池滩羊养殖系统地处陕甘宁蒙四省区交界地带，倚长城、屏朔漠，素有“灵夏肘腋、环庆襟喉”之称，位于毛乌素沙漠南缘，是鄂尔多斯台地向黄土高原过渡地带。系统覆盖总面积8 522.2平方千米，可利用草原面积714万亩。历史上，农耕文化与游牧文化在此交融，是滩羊的主产区和核心保种区，盐池也是著名的“中国滩羊之乡”。近年来，滩羊年饲养量稳定在300万只左右，年出栏滩羊育肥羊达180万只。

盐池属典型的大陆性季风气候，土壤以灰钙土、淡灰土为主，低洼地盐碱化比较普遍，水质矿化程度较高而偏碱性。草原虽产草量低，但牧草中干物质含量高，尤其是牧草蛋白质和硫、钙、磷等矿物质含量丰富。这种独特的天然草场和水土资源，造就了“盐池滩羊”独一无二的地方优良绵羊品种。

滩羊由于体躯是白色，自然放牧时羊群远看像一片一片的碱滩，故称之为“滩羊”，也叫“白羊”。盐池滩羊是由蒙古羊经长期的自然选择和人工选育而形成的一个长脂尾、粗毛型的裘皮品种，早在《易经》和《诗经》中就有所记载。盐池人民在长期的滩羊放牧饲养中，熟练掌握了滩羊物候规律，最早总结了根据干旱荒漠化自然生态环境和牧草生长周期变化，并创造了优良羊种选育技术，及对留种羔羊开始最早的鉴定。据已有资料，当今世界上尚没有类似滩羊的绵羊品种，滩羊在国际养羊业中占有绝无仅有的位置。

千余年与草原的共生，盐池发展出了深刻的草原文化与滩羊养殖文化，在其生活、生产中处处留痕，并发挥着极为重要的作用。

# 新疆奇台旱作农业系统

奇台县位于新疆维吾尔自治区东北部，地处天山北麓、准噶尔盆地东南缘，总面积1.93万平方千米，总人口30万人。作为古丝绸之路新北道上的重要坐标，这里历史悠久，地域辽阔，土地肥沃，汉朝郑吉曾分兵300在此屯田，之后，历代军屯、民屯、官屯、商屯和农垦得以延续发展，在山梁沟壑间创造了万亩旱田，至今仍保留着稳定的产量，成为当地各族群众2 000多年来的主要生产生活方式和新疆农耕文化的发祥地。

奇台旱作农业系统是天山北麓“靠天收”的农业生产典型，主要以旱作种植为主，并涉及林业、畜牧和副业等农业类型。历代先民依靠独特的光热资源和水土资源，利用当地复杂地形和垂直地带气候变化，在不同海拔高度播种适宜的作物，探索出作物种植-留茬地放牧种植模式，“二牛抬扛”畜力耕作方式、“水打滚”和“浪苗子”撒播生产方式、轮流休耕土壤保持肥力方式、堆草火烧和深耕条播防治虫草灾害方式。旱作农业不浇水、不施肥，实行轮作、休耕制度，确保农业生产可持续，有效保护了当地生态系统的完整性。

随着全球气候变化和周边城市工业污染加剧，旱作农业系统日益面临严峻的挑战。目前，奇台县人民政府按照农业部中国重要农业文化遗产保护要求，制定了旱作农业系统保护规划和管理办法，通过围栏禁牧、加强生态保护，举办“开犁节”传承农耕文化，大力发展休闲观光农业，并与国家旅游景区“保景富民”要求相结合，从根本上保障农民增收和重要农业文化遗产价值永续传承。

# 新疆伊犁察布查尔布哈农业系统

察布查尔锡伯自治县位于中国新疆伊犁哈萨克自治州的原伊犁地区西部，地处伊犁河以南、天山支脉乌孙山北麓。

察布查尔布哈农业系统主要是由察布查尔布哈及其灌溉区域组成。察布查尔布哈新疆伊犁锡伯营锡伯族军民在清嘉庆年间，人工建造的伊犁地区最大的水利工程，全长90千米，迄今已有207年历史。察布查尔布哈是伊犁河流域大河灌区及察布查尔锡伯自治县的主要农田引水渠道，由布哈灌溉农田的粮食产量占全县粮食总产的70%以上。察布查尔布哈建成后，促进了农业生产，形成了当地锡伯族特有的农耕文化，也成为锡伯族传统文化中的母体文化，为锡伯族传统文化的传承和发展奠定了坚实基础。

察布查尔布哈农业系统遗产地区域内拥有丰富的自然景观和人文景观，有耕地、草地、林地、次生林、滩涂地、湿地、野生植物等，这些景观沿察布查尔布哈两岸分布，丰富的生物多样性和保存相对完好的自然生态构成了系统生态景观的主体。随着城镇化和现代化农业快速发展，察布查尔布哈沿岸形成以锡伯族传统文化为主体的多元文化格局，传统农业文化遗产在民间存续，大量具有锡伯族特色的传统村寨遍布其中，除此之外还有国家级重点旅游景区和国家重点文物保护单位，当地借此发展休闲农业和乡村旅游，不仅为游客提供观光、采摘、体验民俗、了解民族文化和享受乡土情趣的场所，也带动了当地农牧民就业增收。

**图书在版编目（CIP）数据**

中国重要农业文化遗产. 第二册 / 中华人民共和国农业农村部编. —北京：中国农业出版社，2018.7
ISBN 978-7-109-23507-6

Ⅰ. ①中… Ⅱ. ①中… Ⅲ. ①农业－文化遗产－保护－研究－中国 Ⅳ. ①S

中国版本图书馆CIP数据核字(2017)第268273号

中国农业出版社出版
（北京市朝阳区麦子店街18号楼）
（邮政编码 100125）
责任编辑 张丽四 程 燕

北京中科印刷有限公司印刷 新华书店北京发行所发行
2018年7月第1版 2018年7月北京第1次印刷

开本：889mm×1194mm 1/16 印张：7
字数：260 千字
定价：180.00 元